甜品店买不到的新潮蛋糕

*Gâteaux magiques*

# 嗨!魔力蛋糕

〔法〕奥雷莉·德加日◎著　　李　响◎译

一次烘焙，
三层美味!

北京科学技术出版社

著作权合同登记号　图字：01-2015-5713

## 图书在版编目（CIP）数据

嗨！魔力蛋糕 /（法）奥雷莉·德加日著；李响译. —2版. —北京：北京科学
技术出版社, 2018.1
　　ISBN 978-7-5304-8908-6

　　Ⅰ. ①嗨… Ⅱ. ①奥… ②李… Ⅲ. ①蛋糕－糕点加工 Ⅳ. ①TS213.23

中国版本图书馆CIP数据核字(2017)第233177号

**嗨！魔力蛋糕**

| | | | |
|---|---|---|---|
| 作　　者：〔法〕奥雷莉·德加日 | | 译　　者：李　响 | |
| 策划编辑：李心悦 | | 责任编辑：代　艳 | |
| 责任印制：张　良 | | 图文制作：圆点创意 | |
| 出 版 人：曾庆宇 | | 出版发行：北京科学技术出版社 | |
| 社　　址：北京西直门南大街16号 | | 邮政编码：100035 | |
| 电话传真：0086-10-66135495（总编室） | | 0086-10-66113227（发行部） | |
| 　　　　　0086-10-66161952（发行部传真） | | | |
| 电子信箱：bjkj@bjkjpress.com | | 网　　址：www.bkydw.cn | |
| 经　　销：新华书店 | | 印　　刷：北京捷迅佳彩印刷有限公司 | |
| 开　　本：720mm × 1000mm　1/16 | | 印　　张：5 | |
| 版　　次：2018年1月第2版 | | 印　　次：2018年1月第1次印刷 | |

ISBN 978-7-5304-8908-6 / T·942

定价：36.00元

# Sommaire
# 目 录

# 前　言

　　有些人已经见过它，一种新潮的蛋糕：魔力蛋糕！

　　你肯定会迫不及待地问我："它的魔力体现在哪里？"它的魔力在于，经过一次简单的准备，你就可以得到有三个层次的蛋糕：

　　——底层是爽滑醇香的布丁；

　　——中间是软嫩浓郁的奶油；

　　——顶层是轻盈柔软的海绵蛋糕。

　　这三层的结合使蛋糕可口得令人难以抗拒。而且，你只需很少的原料就能完成这样神奇的作品。

　　如果说香草魔力蛋糕是流传最广的，那么你肯定会对由它衍生出的其他口味的魔力蛋糕感到惊奇：

　　巧克力口味的、水果口味的、软糖口味的、巧克力豆口味的，甚至覆盆子椰子口味的……这30种口味的蛋糕一定会让你满意！

# 原料

## 黄油

动物黄油，英文名是 butter。动物黄油是天然黄油，是从牛奶中提炼出来的油脂，有天然的奶香。

植物黄油，英文名是 margarine，又叫人工奶油、人造黄油等。植物黄油是非天然的，是将植物油部分氢化以后，加入人工香料模仿黄油的味道制成的。

与动物黄油相比，不同的植物黄油，熔点差别很大，成形更容易。但是，它有两大缺点：一是口感差，二是含有反式脂肪酸。

辨别动物黄油和植物黄油的方法很简单。

1. 动物黄油有淡淡的天然牛油味，而植物黄油有浓郁的人工香气。

2. 动物黄油口感细腻，入口即化，奶香味较淡。植物黄油口感粗糙，奶香味很浓。

## 鸡蛋

鸡蛋是烘焙中不可缺少的原料，对蛋糕的制作非常重要。

蛋白的韧性和可塑性很强，与蛋黄和全蛋相比，它的起泡速度最快，包裹住空气的能力也最大。打发的蛋白体积会膨大数倍，这是蛋糕膨松的关键。

蛋黄有很强的凝固作用，在布丁、果冻、慕斯的制作中至关重要。另外，在烘焙中，它能使蛋糕呈金黄色。

## 面粉

根据蛋白质含量，面粉分为低筋面粉、中筋面粉和高筋面粉。

蛋白质含量在 9% 以下的是低筋面粉。做蛋糕时通常使用低筋面粉，它能使蛋糕的口感更松软细腻。

蛋白质含量在 9%~12% 的是中筋面粉。中筋面粉是最常见的面粉，常用来制作中式点心、馒头、包子等。

蛋白质含量在 12% 以上的是高筋面粉。高筋面粉一般用来制作面包，但也有一些特殊的蛋糕会用高筋面粉制作。

## 细砂糖

细砂糖可以用绵白糖代替。

绵白糖与细砂糖的性质有一点儿差别，所以在烘焙中表现出的特性也略有不同。

## 牛奶

牛奶能为蛋糕增加奶香和增添水分。本书中的配方基本上都需要使用牛奶。

## 盐

少量的盐能使蛋糕的甜味更加柔和，也能使蛋糕的味道更佳。

## 柠檬

本书中使用柠檬的方式一般是先将柠檬皮刨成屑，然后用柠檬榨汁，最后把柠檬皮屑和柠檬汁与其他原料混合。柠檬皮内层的白色部分较苦涩，因此刨柠檬皮屑时不要连同这部分一起刨下来。

柠檬以金黄色为宜，尽量挑选颜色均匀、鲜亮的柠檬。

购买时要掂一下，挑选较重的柠檬，这样的柠檬水分比较充足。

## 可可粉

可可粉是由可可豆加工而成的干粉状产品，按其含脂量可分为高脂可可粉、中脂可可粉和低脂可可粉。

就外观而言，品质较好的可可粉含水量较少，无结块现象。

天然可可粉的颜色应该是浅棕色，棕色甚至深棕色的可可粉中加了可可皮或食用色素。

天然可可粉有天然的可可香，这是一种淡淡的清香。散发浓郁香味或焦味的可可粉品质较差。

## 香草精

香草精是从香草所结的豆荚中提取的天然香料，常用于制作香草口味的点心。

香草精用量不宜太大，以免过于浓重的香味掩盖糕点原有的香味。

# 解密魔力蛋糕

这种蛋糕包含什么?

魔力蛋糕的制作原料很简单,就是鸡蛋、细砂糖、面粉、黄油和牛奶。既然原料没什么特别,那么有魔力的肯定就是制作方法了。

魔力蛋糕分为三层,这三个层次各具特点:

——底层的布丁层爽滑醇香;

——中间的奶油层软嫩浓郁;

——顶层的海绵蛋糕层轻盈柔软。

这三个层次是怎么形成的呢?

面糊中的蛋黄、细砂糖、黄油、面粉和牛奶在烘烤过程中形成布丁层和奶油层。

用150℃低温烘烤使蛋糕底部形成布丁层,但不破坏奶油层的结构。因而在烘烤过程中,烤箱应保持稳定的温度。

面糊中的蛋白促使海绵蛋糕层形成,而且蛋白不溶于牛奶的性质使得海绵蛋糕层位于顶层。

此外,精准的原料比例,保证了魔力蛋糕分层清晰、口感绝佳。

# 技术指导

一次准备，一次烘焙，就能让你获得三层蛋糕。魔力蛋糕很容易制作，你只要遵循下面的技术指导，保证能成功！

## 1. 模具

模具的尺寸尽量与配方建议的尺寸一致，如果**模具太大**，面糊倒入后就会很薄，魔力蛋糕的分层效果会不太明显；如果**模具太小**，海绵蛋糕层可能不会清楚显现。

本书中的配方均建议使用边长 20 cm 的正方形蛋糕模或者直径 20 cm 的圆形蛋糕模。

## 2. 蛋白

### 打发蛋白

（1）鸡蛋要**新鲜**，这样蛋白的黏性更大。

（2）分离蛋白和蛋黄时，要保证**分离彻底**，蛋白中不能混入蛋黄。

（3）要保证盛蛋白的容器**无水无油**并且**干燥**。水分会稀释蛋白，使蛋白无法附着在打蛋器上，这样蛋白自然无法打发。而油脂会使蛋白质乳化，破坏其原有的结构，所以蛋白也无法打发。另外，最好使用不锈钢盆。

（4）在打发蛋白的过程中，可以加入柠檬汁或白醋，因为**偏酸的环境**能使泡沫形成速度加快，且保持稳定。

（5）蛋白打发程度包括**湿性发泡**（蛋白呈有光泽的奶油状，提起打蛋器后，蛋白呈小三角形，尖角自然弯曲）、**中性发泡**（蛋白纹路清晰，提起打蛋器后能拉出一个短小的尖角，但尖角顶端仍可弯曲）和**干性发泡**（提起打蛋器后会出现短小直立的尖角）。

### 加入蛋白

把蛋白加入混合物中，**略微搅拌**，防止消泡。分三次加入蛋白效果最好。

### 搅拌蛋白

不要将蛋白搅拌得过碎，搅拌好后，蛋白应保持**小块状**。

## 3. 烘烤

如果烘烤**时间过短**，蛋糕就不够硬挺；如果烘烤**时间过长**，奶油层就会消失。因此，需要根据自己烤箱的实际情况适当调节烘烤时间。

烘烤结束后，蛋糕**轻微震颤**很正常，经过冷藏就会凝固。

最上面的海绵蛋糕层在烘烤结束后应该呈金黄色。

## 4. 脱模

脱模前，将晾凉的蛋糕放入冰箱**冷藏至少 3 小时**。

给模具铺上烘焙纸会使脱模更容易。

# Gâteau magique à la vanille
# 香草魔力蛋糕

6~8 人份　准备：15 分钟　烘焙：50~60 分钟　冷藏：3 小时　难度：低　成本：低

工具：电动打蛋器·手动打蛋器·边长 20 cm 的正方形蛋糕模·烘焙纸

## Les Ingrédients
## 原料

| | |
|---|---|
| 黄油 | 125 g |
| 香草荚 | 1 根 |
| 鸡蛋 | 4 个 |
| 细砂糖 | 150 g |
| 面粉 | 115 g |
| 水 | 1 汤匙 |
| 牛奶 | 500 mL |
| 盐 | 1 撮 |

## Suggestion
## 建议

食用前撒上糖粉。

## Variante
## 变换花样

要想制作不含谷蛋白的魔力蛋糕，就用米粉代替面粉。

## La Recette
## 制作过程

**1.** 将烤箱预热至 150℃（5 等，见第 71 页）。黄油放入锅中文火熔化备用。用刀将香草荚剖开，取出香草籽。

**2.** 分离蛋白和蛋黄，分别放到搅拌碗中。蛋黄中加入细砂糖，用电动打蛋器搅打均匀。依次加入熔化的黄油、香草籽、面粉、水和牛奶，用电动打蛋器搅打均匀。

**3.** 蛋白中加盐，用电动打蛋器搅打至干性发泡。用手动打蛋器将蛋白分三次加入步骤 2 中的混合物中，轻轻搅拌，使面糊中的蛋白保持小块状。

**4.** 在蛋糕模底部铺上烘焙纸，然后倒入面糊。将蛋糕模放入烤箱，烤 50~60 分钟（热风循环式烤箱烤 50 分钟，传统式烤箱烤 60 分钟，可根据所需效果适当增减时间）。

**5.** 蛋糕晾凉后放入冰箱，冷藏至少 3 小时。切块即可享用。

# Gâteau magique au chocolat
# 巧克力魔力蛋糕

6~8 人份　准备：15 分钟　烘焙：50~60 分钟　冷藏：3 小时　难度：低　成本：低

工具：电动打蛋器・手动打蛋器・边长 20 cm 的正方形蛋糕模・烘焙纸

## Les Ingrédients
## 原料

| 原料 | 用量 |
|---|---|
| 黄油 | 125 g |
| 鸡蛋 | 4 个 |
| 细砂糖 | 150 g |
| 可可粉 | 40 g |
| 面粉 | 115 g |
| 水 | 1 汤匙 |
| 牛奶 | 500 mL |
| 盐 | 1 撮 |

## Suggestion
## 建议

可加入 30 g 榛子粉。

## La Recette
## 制作过程

**1.** 将烤箱预热至 150℃（5 等）。黄油放入锅中文火熔化备用。

**2.** 分离蛋白和蛋黄，分别放到搅拌碗中。蛋黄中加入细砂糖，用电动打蛋器搅打均匀。依次加入熔化的黄油、可可粉、面粉、水和牛奶，用电动打蛋器搅打均匀。

**3.** 蛋白中加盐，用电动打蛋器搅打至干性发泡。用手动打蛋器将蛋白分三次加入步骤 2 中的混合物中，轻轻搅拌，使面糊中的蛋白保持小块状。

**4.** 在蛋糕模底部铺上烘焙纸，然后倒入面糊。将蛋糕模放入烤箱，烤 50~60 分钟（热风循环式烤箱烤 50 分钟，传统式烤箱烤 60 分钟，可根据所需效果适当增减时间）。

**5.** 蛋糕晾凉后放入冰箱，冷藏至少 3 小时。切块即可享用。

# *Gâteau magique au citron*
# 柠檬魔力蛋糕

6~8 人份　准备：15 分钟　烘焙：50~60 分钟　冷藏：3 小时　难度：低　成本：低

工具：电动打蛋器·手动打蛋器·边长 20 cm 的正方形蛋糕模·烘焙纸

## *Les Ingrédients*
## 原料

| | |
|---|---|
| 柠檬 | 1 个 |
| 黄油 | 125 g |
| 鸡蛋 | 4 个 |
| 细砂糖 | 150 g |
| 面粉 | 115 g |
| 牛奶 | 500 mL |
| 盐 | 1 撮 |

## *Variante*
## 变换花样

用电动打蛋器将 100 g 细砂糖和 4 个蛋白搅打至硬挺。将打发的蛋白均匀覆盖在冷藏好的蛋糕上，用喷枪上色，立即食用。

## *La Recette*
## 制作过程

**1.** 将烤箱预热至 150℃（5 等）。清洗柠檬并将皮刨成屑，把半个柠檬的汁液挤出备用。黄油放入锅中文火熔化备用。

**2.** 分离蛋白和蛋黄，分别放到搅拌碗中。蛋黄中加入细砂糖，用电动打蛋器搅打均匀。依次加入熔化的黄油、适量柠檬皮屑、柠檬汁、面粉和牛奶，用电动打蛋器搅打均匀。

**3.** 蛋白中加盐，用电动打蛋器搅打至干性发泡。用手动打蛋器将蛋白分三次加入步骤 2 中的混合物中，轻轻搅拌，使面糊中的蛋白保持小块状。

**4.** 在蛋糕模底部铺上烘焙纸，然后倒入面糊。将蛋糕模放入烤箱，烤 50~60 分钟（热风循环式烤箱烤 50 分钟，传统式烤箱烤 60 分钟，可根据所需效果适当增减时间）。

**5.** 蛋糕晾凉后放入冰箱，冷藏至少 3 小时。切块即可享用。

# *Gâteau magique vanille et chocolat*
# 香草巧克力魔力蛋糕

6~8 人份　准备：15 分钟　烘焙：50~60 分钟　冷藏：3 小时　难度：低　成本：低

工具：电动打蛋器·手动打蛋器·直径 20 cm 的圆形蛋糕模·烘焙纸

## *Les Ingrédients* 原料

| | |
|---|---|
| 黄油 | 125 g |
| 鸡蛋 | 4 个 |
| 细砂糖 | 150 g |
| 面粉 | 115 g |
| 水 | 1 汤匙 |
| 牛奶 | 500 mL |
| 香草精 | 1 茶匙 |
| 可可粉 | 20 g |
| 盐 | 1 撮 |

## *La Recette* 制作过程

**1.** 将烤箱预热至 150℃（5 等）。黄油放入锅中文火熔化备用。

**2.** 分离蛋白和蛋黄，分别放到搅拌碗中。蛋黄中加入细砂糖，用电动打蛋器搅打均匀。依次加入熔化的黄油、面粉、水和牛奶，用电动打蛋器搅打均匀。把混合物分成两份，一份加入香草精，一份加入可可粉，分别搅拌均匀。

**3.** 蛋白中加盐，用电动打蛋器搅打至干性发泡。把蛋白分成两份，用手动打蛋器将蛋白分别分三次加入两种混合物中，轻轻搅拌，使面糊中的蛋白保持小块状。

**4.** 在蛋糕模底部铺上烘焙纸，然后交替倒入两种面糊。将蛋糕模放入烤箱，烤 50~60 分钟（热风循环式烤箱烤 50 分钟，传统式烤箱烤 60 分钟，可根据所需效果适当增减时间）。

**5.** 蛋糕晾凉后放入冰箱，冷藏至少 3 小时。切块即可享用。

# Gâteau magique à la vanille fourré aux myrtilles
# 欧洲越橘香草魔力蛋糕

6~8 人份　准备：15 分钟　烘焙：50~60 分钟　冷藏：3 小时　难度：低　成本：低

工具：电动打蛋器·手动打蛋器·直径 20 cm 的圆形蛋糕模·烘焙纸

## Les Ingrédients
## 原料

| | |
|---|---|
| 黄油 | 125 g |
| 鸡蛋 | 4 个 |
| 细砂糖 | 150 g |
| 香草精 | 1 茶匙 |
| 面粉 | 115 g |
| 水 | 1 汤匙 |
| 牛奶 | 500 mL |
| 欧洲越橘 | 100 g |
| 盐 | 1 撮 |

## Variante
## 变换花样

用杏仁香精代替香草精。

## La Recette
## 制作过程

**1.** 将烤箱预热至 150℃（5 等）。黄油放入锅中文火熔化备用。

**2.** 分离蛋白和蛋黄，分别放到搅拌碗中。蛋黄中加入细砂糖，用电动打蛋器搅打均匀。依次加入熔化的黄油、香草精、面粉、水和牛奶，用电动打蛋器搅打均匀。

**3.** 蛋白中加盐，用电动打蛋器搅打至干性发泡。用手动打蛋器将蛋白分三次加入步骤 2 中的混合物中，轻轻搅拌，使面糊中的蛋白保持小块状。

**4.** 在蛋糕模底部铺上烘焙纸，然后倒入一半面糊，撒入欧洲越橘，再倒入另一半面糊。将蛋糕模放入烤箱，烤 50~60 分钟（热风循环式烤箱烤 50 分钟，传统式烤箱烤 60 分钟，可根据所需效果适当增减时间）。

**5.** 蛋糕晾凉后放入冰箱，冷藏至少 3 小时。切块即可享用。

# Gâteau magique poires et praliné
# 梨子果仁糖魔力蛋糕

6~8 人份　准备：15 分钟　烘焙：50~60 分钟　冷藏：3 小时　难度：低　成本：低

工具：电动打蛋器·手动打蛋器·直径 20 cm 的圆形蛋糕模·烘焙纸

## Les Ingrédients
## 原料

| | |
|---|---|
| 黄油 | 125 g |
| 大梨 | 2 个 |
| 鸡蛋 | 4 个 |
| 细砂糖 | 150 g |
| 果仁糖粉 | 60 g |
| 面粉 | 115 g |
| 水 | 1 汤匙 |
| 牛奶 | 500 mL |
| 盐 | 1 撮 |

## Variante
## 变换花样

用杏仁粉代替果仁糖粉。

## La Recette
## 制作过程

**1.** 将烤箱预热至 150℃（5 等）。黄油放入锅中文火熔化备用。梨洗净并切薄片备用。

**2.** 分离蛋白和蛋黄，分别放到搅拌碗中。蛋黄中加入细砂糖，用电动打蛋器搅打均匀。依次加入熔化的黄油、果仁糖粉、面粉、水和牛奶，用电动打蛋器搅打均匀。

**3.** 蛋白中加盐，用电动打蛋器搅打至干性发泡。用手动打蛋器将蛋白分三次加入步骤 2 中的混合物中，轻轻搅拌，使面糊中的蛋白保持小块状。

**4.** 在蛋糕模底部铺上烘焙纸，把梨片铺在底部，然后倒入面糊。将蛋糕模放入烤箱，烤 50~60 分钟（热风循环式烤箱烤 50 分钟，传统式烤箱烤 60 分钟，可根据所需效果适当增减时间）。

**5.** 蛋糕晾凉后放入冰箱，冷藏至少 3 小时。切块即可享用。

# Gâteau magiqu aux bananes et au chocolat
# 香蕉巧克力魔力蛋糕

6~8 人份　准备：15 分钟　烘焙：50~60 分钟　冷藏：3 小时　难度：低　成本：低

工具：电动打蛋器・手动打蛋器・边长 20 cm 的正方形蛋糕模・烘焙纸

## Les Ingrédients
## 原料

| 原料 | 用量 |
| --- | --- |
| 黄油 | 125 g |
| 熟香蕉 | 2 根 |
| 鸡蛋 | 4 个 |
| 细砂糖 | 150 g |
| 可可粉 | 40 g |
| 面粉 | 115 g |
| 水 | 1 汤匙 |
| 牛奶 | 500 mL |
| 盐 | 1 撮 |

## Variante
## 变换花样

用 1 茶匙肉桂粉代替可可粉，制作香蕉肉桂魔力蛋糕。

## La Recette
## 制作过程

**1.** 将烤箱预热至 150℃（5 等）。黄油放入锅中文火熔化备用。把香蕉切块，用叉子压碎备用。

**2.** 分离蛋白和蛋黄，分别放到搅拌碗中。蛋黄中加入细砂糖，用电动打蛋器搅打均匀。依次加入熔化的黄油、香蕉泥、可可粉、面粉、水和牛奶，用电动打蛋器搅打均匀。

**3.** 蛋白中加盐，用电动打蛋器搅打至干性发泡。用手动打蛋器将蛋白分三次加入步骤 2 中的混合物中，轻轻搅拌，使面糊中的蛋白保持小块状。

**4.** 在蛋糕模底部铺上烘焙纸，然后倒入面糊。将蛋糕模放入烤箱，烤 50~60 分钟（热风循环式烤箱烤 50 分钟，传统式烤箱烤 60 分钟，可根据所需效果适当增减时间）。

**5.** 蛋糕晾凉后放入冰箱，冷藏至少 3 小时。切块即可享用。

# Gâteau magique aux pommes caramelisées

# 焦糖苹果魔力蛋糕

6~8 人份　准备：约 30 分钟　烘焙：50~60 分钟　冷藏：3 小时　难度：低　成本：低

工具：电动打蛋器·手动打蛋器·边长 20 cm 的正方形蛋糕模·烘焙纸

## Les Ingrédients
## 原料

| 蛋糕原料 | |
|---|---|
| 大苹果 | 3 个 |
| 红糖 | 30 g |
| 黄油 | 150 g |
| 鸡蛋 | 4 个 |
| 细砂糖 | 150 g |
| 面粉 | 115 g |
| 水 | 1 汤匙 |
| 牛奶 | 500 mL |
| 盐 | 1 撮 |
| 牛奶焦糖酱原料 | |
| 细砂糖 | 80 g |
| 牛奶 | 100 mL |
| 黄油 | 30 g |

## La Recette
## 制作过程

**1.** 制作牛奶焦糖酱：熔化细砂糖。在另一个锅中煮沸牛奶。当糖呈棕色后倒入牛奶和黄油。混合均匀，煮沸后晾凉。

**2.** 制作蛋糕：①将烤箱预热至 150 ℃（5 等）。苹果削皮并切块，把苹果块和红糖放入碗中混合均匀。把 25 g 黄油放入平底锅中熔化，加入红糖和苹果，煎 10~15 分钟，直到苹果块呈金黄色，放在一边备用。把剩余的黄油放入锅中，文火熔化备用。②分离蛋白和蛋黄，分别放到搅拌碗中。蛋黄中加入细砂糖，用电动打蛋器搅打均匀。依次加入熔化的黄油、面粉、水和牛奶，用电动打蛋器搅打均匀。③蛋白中加盐，用电动打蛋器搅打至干性发泡。用手动打蛋器将蛋白分三次加入上个步骤中的混合物中，轻轻搅拌，使面糊中的蛋白保持小块状。④在蛋糕模底部铺上烘焙纸，把焦糖苹果块铺在底部，然后倒入面糊。将蛋糕模放入烤箱，烤 50~60 分钟（热风循环式烤箱烤 50 分钟，传统式烤箱烤 60 分钟，可根据所需效果适当增减

时间）。⑤蛋糕晾凉后放入冰箱，冷藏至少 3 小时。取出切块，淋上牛奶焦糖酱即可享用。

# Gâteau magique framboise et pistache
# 覆盆子开心果**魔力蛋糕**

6~8 人份　准备：15 分钟　烘焙：50~60 分钟　冷藏：3 小时　难度：低　成本：低

工具：电动打蛋器 · 手动打蛋器 · 直径 20 cm 的圆形蛋糕模 · 烘焙纸

## Les Ingrédients
## 原料

| | |
|---|---|
| 黄油 | 125 g |
| 鸡蛋 | 4 个 |
| 细砂糖 | 150 g |
| 开心果酱 | 1 汤匙 |
| 绿色食用色素 | 适量 |
| 面粉 | 115 g |
| 水 | 1 汤匙 |
| 牛奶 | 500 mL |
| 覆盆子 | 150 g |
| 盐 | 1 撮 |

## Variante
## 变换花样

用樱桃代替覆盆子。

## La Recette
## 制作过程

**1.** 将烤箱预热至 150℃（5 等）。黄油放入锅中文火熔化备用。

**2.** 分离蛋白和蛋黄，分别放到搅拌碗中。蛋黄中加入细砂糖，用电动打蛋器搅打均匀。依次加入熔化的黄油、开心果酱、绿色食用色素、面粉、水和牛奶，用电动打蛋器搅打均匀。

**3.** 蛋白中加盐，用电动打蛋器搅打至干性发泡。用手动打蛋器将蛋白分三次加入步骤 2 中的混合物中，轻轻搅拌，使面糊中的蛋白保持小块状。

**4.** 在蛋糕模底部铺上烘焙纸，把覆盆子铺在底部，然后倒入面糊。将蛋糕模放入烤箱，烤 50~60 分钟（热风循环式烤箱烤 50 分钟，传统式烤箱烤 60 分钟，可根据所需效果适当增减时间）。

**5.** 蛋糕晾凉后放入冰箱，冷藏至少 3 小时。切块即可享用。

# *Gâteau magique mangue et chocolat blanc*
# 芒果白巧克力魔力蛋糕

6~8 人份　准备：15 分钟　烘焙：50~60 分钟　冷藏：3 小时　难度：低　成本：低

工具：电动打蛋器・手动打蛋器・边长 20 cm 的正方形蛋糕模・烘焙纸

## *Les Ingrédients* 原料

| | |
|---|---|
| 黄油 | 125 g |
| 白巧克力 | 150 g |
| 芒果 | 1 个 |
| 鸡蛋 | 4 个 |
| 细砂糖 | 150 g |
| 面粉 | 115 g |
| 水 | 1 汤匙 |
| 牛奶 | 500 mL |
| 盐 | 1 撮 |

## *Variante* 变换花样

用 50 g 椰丝代替白巧克力。

## *La Recette* 制作过程

**1.** 将烤箱预热至 150℃（5 等）。把黄油和白巧克力放入锅中，文火熔化备用。芒果削皮，将果肉切薄片备用。

**2.** 分离蛋白和蛋黄，分别放到搅拌碗中。蛋黄中加入细砂糖，用电动打蛋器搅打均匀。依次加入熔化的黄油和白巧克力、面粉、水和牛奶，用电动打蛋器搅打均匀。

**3.** 蛋白中加盐，用电动打蛋器搅打至干性发泡。用手动打蛋器将蛋白分三次加入步骤 2 中的混合物中，轻轻搅拌，使面糊中的蛋白保持小块状。

**4.** 在蛋糕模底部铺上烘焙纸，把芒果薄片铺在底部，然后倒入面糊。将蛋糕模放入烤箱，烤 50~60 分钟（热风循环式烤箱烤 50 分钟，传统式烤箱烤 60 分钟，可根据所需效果适当增减时间）。

**5.** 蛋糕晾凉后放入冰箱，冷藏至少 3 小时。切块即可享用。

# *Gâteau magique cerises et amandes*
# 樱桃杏仁魔力蛋糕

6~8 人份　准备：15 分钟　烘焙：50~60 分钟　冷藏：3 小时　难度：低　成本：低

工具：电动打蛋器·手动打蛋器·直径 20 cm 的圆形蛋糕模·烘焙纸

## *Les Ingrédients*
## 原料

| | |
|---|---|
| 黄油 | 125 g |
| 樱桃 | 150 g |
| 鸡蛋 | 4 个 |
| 细砂糖 | 150 g |
| 杏仁粉 | 60 g |
| 面粉 | 115 g |
| 水 | 1 汤匙 |
| 牛奶 | 500 mL |
| 盐 | 1 撮 |

## *Variante*
## 变换花样

用 150 g 白巧克力代替杏仁粉。

## *La Recette*
## 制作过程

**1.** 将烤箱预热至 150℃（5 等）。黄油放入锅中文火熔化备用。把樱桃切成两半，去核备用。

**2.** 分离蛋白和蛋黄，分别放到搅拌碗中。蛋黄中加入细砂糖，用电动打蛋器搅打均匀。依次加入熔化的黄油、杏仁粉、面粉、水和牛奶，用电动打蛋器搅打均匀。

**3.** 蛋白中加盐，用电动打蛋器搅打至干性发泡。用手动打蛋器将蛋白分三次加入步骤 2 中的混合物中，轻轻搅拌，使面糊中的蛋白保持小块状。

**4.** 在蛋糕模底部铺上烘焙纸，放入樱桃，然后倒入面糊。将蛋糕模放入烤箱，烤50~60 分钟（热风循环式烤箱烤 50 分钟，传统式烤箱烤 60 分钟，可根据所需效果适当增减时间）。

**5.** 蛋糕晾凉后放入冰箱，冷藏至少 3 小时。切块即可享用。

# Gâteau magique abricots et noisettes
# 甜杏榛子魔力蛋糕

6~8 人份　准备：15 分钟　烘焙：50~60 分钟　冷藏：3 小时　难度：低　成本：低

工具：电动打蛋器·手动打蛋器·边长 20 cm 的正方形蛋糕模·烘焙纸

## Les Ingrédients
## 原料

| | |
|---|---|
| 黄油 | 125 g |
| 大杏 | 6 个 |
| 鸡蛋 | 4 个 |
| 细砂糖 | 150 g |
| 榛子粉 | 60 g |
| 面粉 | 115 g |
| 水 | 1 汤匙 |
| 牛奶 | 500 mL |
| 盐 | 1 撮 |

## Suggestion
## 建议

把面糊倒入蛋糕模前撒入榛子，可以制造酥脆的口感。

## Variante
## 变换花样

用桃子代替杏。

## La Recette
## 制作过程

**1.** 将烤箱预热至 150℃（5 等）。黄油放入锅中文火熔化备用。洗净杏并切成两半备用（留出一部分装饰蛋糕）。

**2.** 分离蛋白和蛋黄，分别放到搅拌碗中。蛋黄中加入细砂糖，用电动打蛋器搅打均匀。依次加入熔化的黄油、榛子粉、面粉、水和牛奶，用电动打蛋器搅打均匀。

**3.** 蛋白中加盐，用电动打蛋器搅打至干性发泡。用手动打蛋器将蛋白分三次加入步骤 2 中的混合物中，轻轻搅拌，使面糊中的蛋白保持小块状。

**4.** 在蛋糕模底部铺上烘焙纸，把杏铺在底部，然后倒入面糊。将蛋糕模放入烤箱，烤 50~60 分钟（热风循环式烤箱烤 50 分钟，传统式烤箱烤 60 分钟，可根据所需效果适当增减时间）。

**5.** 蛋糕晾凉后放入冰箱，冷藏至少 3 小时。取出切块，用预留的杏装饰蛋糕，即可享用。

# Gâteau magique orange, chocolat et cannelle
# 橙子巧克力肉桂魔力蛋糕

6~8 人份　准备：15 分钟　烘焙：50~60 分钟　冷藏：3 小时　难度：低　成本：低

工具：电动打蛋器·手动打蛋器·直径 20 cm 的圆形蛋糕模·烘焙纸

## Les Ingrédients
## 原料

| | |
|---|---|
| 黄油 | 125 g |
| 橙子 | 1 个 |
| 鸡蛋 | 4 个 |
| 细砂糖 | 150 g |
| 可可粉 | 40 g |
| 肉桂粉 | 1 茶匙 |
| 面粉 | 115 g |
| 牛奶 | 500 mL |
| 盐 | 1 撮 |

## Variante
## 变换花样

用 2 个细皮小柑橘代替橙子。

## La Recette
## 制作过程

**1.** 将烤箱预热至 150℃（5 等）。黄油放入锅中文火熔化备用。洗净橙子并将皮刨成屑，然后挤出 2 汤匙的橙汁备用。

**2.** 分离蛋白和蛋黄，分别放到搅拌碗中。蛋黄中加入细砂糖，用电动打蛋器搅打均匀。依次加入熔化的黄油、适量橙皮屑、橙汁、可可粉、肉桂粉、面粉和牛奶，用电动打蛋器搅打均匀。

**3.** 蛋白中加盐，用电动打蛋器搅打至干性发泡。用手动打蛋器将蛋白分三次加入步骤 2 中的混合物中，轻轻搅拌，使面糊中的蛋白保持小块状。

**4.** 在蛋糕模底部铺上烘焙纸，然后倒入面糊。将蛋糕模放入烤箱，烤 50~60 分钟（热风循环式烤箱烤 50 分钟，传统式烤箱烤 60 分钟，可根据所需效果适当增减时间）。

**5.** 蛋糕晾凉后放入冰箱，冷藏至少 3 小时。切块即可享用。

# *Gâteau magique au pamplemousse*

# 葡萄柚魔力蛋糕

6~8 人份　准备：15 分钟　烘焙：50~60 分钟　冷藏：3 小时　难度：低　成本：低

工具：电动打蛋器·手动打蛋器·边长 20 cm 的正方形蛋糕模·烘焙纸

## *Les Ingrédients*
## 原料

| | |
|---|---|
| 黄油 | 125 g |
| 葡萄柚 | 1 个 |
| 鸡蛋 | 4 个 |
| 细砂糖 | 160 g |
| 面粉 | 115 g |
| 牛奶 | 500 mL |
| 盐 | 1 撮 |

## *Suggestion*
## 建议

可加入 80 g 欧洲越橘。

## *La Recette*
## 制作过程

**1.** 将烤箱预热至 150℃（5 等）。黄油放入锅中文火熔化备用。葡萄柚洗净并将皮刨成屑，挤出 2 汤匙果汁备用。

**2.** 分离蛋白和蛋黄，分别放到搅拌碗中。蛋黄中加入细砂糖，用电动打蛋器搅打均匀。依次加入熔化的黄油、适量葡萄柚皮屑、葡萄柚汁、面粉和牛奶，用电动打蛋器搅打均匀。

**3.** 蛋白中加盐，用电动打蛋器搅打至干性发泡。用手动打蛋器将蛋白分三次加入步骤 2 中的混合物中，轻轻搅拌，使面糊中的蛋白保持小块状。

**4.** 在蛋糕模底部铺上烘焙纸，然后倒入面糊。将蛋糕模放入烤箱，烤 50~60 分钟（热风循环式烤箱烤 50 分钟，传统式烤箱烤 60 分钟，可根据所需效果适当增减时间）。

**5.** 蛋糕晾凉后放入冰箱，冷藏至少 3 小时。切块即可享用。

# Gâteau magique mûre et noix de coco
# 桑葚椰子魔力蛋糕

6~8人份　准备：15分钟　烘焙：50~60分钟　冷藏：3小时　难度：低　成本：低

工具：电动打蛋器・手动打蛋器・边长20 cm的正方形蛋糕模・烘焙纸

## Les Ingrédients
## 原料

| 黄油 | 125 g |
|------|-------|
| 鸡蛋 | 4个 |
| 细砂糖 | 150 g |
| 椰肉 | 50 g |
| 面粉 | 115 g |
| 水 | 1汤匙 |
| 牛奶 | 500 mL |
| 桑葚 | 150 g |
| 盐 | 1撮 |

## Variante
## 变换花样

用50 g覆盆子代替50 g桑葚。

## La Recette
## 制作过程

**1.** 将烤箱预热至150℃（5等）。黄油放入锅中文火熔化备用。

**2.** 分离蛋白和蛋黄，分别放到搅拌碗中。蛋黄中加入细砂糖，用电动打蛋器搅打均匀。依次加入熔化的黄油、椰肉、面粉、水和牛奶，用电动打蛋器搅打均匀。

**3.** 蛋白中加盐，用电动打蛋器搅打至干性发泡。用手动打蛋器将蛋白分三次加入步骤2中的混合物中，轻轻搅拌，使面糊中的蛋白保持小块状。

**4.** 在蛋糕模底部铺上烘焙纸，把桑葚铺在底部，然后倒入面糊。将蛋糕模放入烤箱，烤50~60分钟（热风循环式烤箱烤50分钟，传统式烤箱烤60分钟，可根据所需效果适当增减时间）。

**5.** 蛋糕晾凉后放入冰箱，冷藏至少3小时。切块即可享用。

# *Gâteau magique aux figues, amandes et fleur d'oranger*
# 无花果杏仁橙花**魔力蛋糕**

6~8 人份　准备：15 分钟　烘焙：50~60 分钟　冷藏：3 小时　难度：低　成本：低

工具：电动打蛋器·手动打蛋器·直径 20 cm 的圆形蛋糕模·烘焙纸

## *Les Ingrédients*
## 原料

| | |
|---|---|
| 黄油 | 125 g |
| 无花果 | 8 个 |
| 鸡蛋 | 4 个 |
| 细砂糖 | 150 g |
| 杏仁粉 | 50 g |
| 橙花水 | 1 茶匙 |
| 面粉 | 115 g |
| 牛奶 | 500 mL |
| 水 | 1 汤匙 |
| 盐 | 1 撮 |

## *Suggestion*
## 建议

可加入 60 g 开心果碎。

## *La Recette*
## 制作过程

**1.** 将烤箱预热至 150℃（5 等）。黄油放入锅中文火熔化备用。剥掉无花果的皮，把无花果切成四块备用。

**2.** 分离蛋白和蛋黄，分别放到搅拌碗中。蛋黄中加入细砂糖，用电动打蛋器搅打均匀。依次加入熔化的黄油、杏仁粉、橙花水、面粉、水和牛奶，用电动打蛋器搅打均匀。

**3.** 蛋白中加盐，用电动打蛋器搅打至干性发泡。用手动打蛋器将蛋白分三次加入步骤 2 中的混合物中，轻轻搅拌，使面糊中的蛋白保持小块状。

**4.** 在蛋糕模底部铺上烘焙纸，把无花果块铺在底部，然后倒入面糊。将蛋糕模放入烤箱，烤 50~60 分钟（热风循环式烤箱烤 50 分钟，传统式烤箱烤 60 分钟，可根据所需效果适当增减时间）。

**5.** 蛋糕晾凉后放入冰箱，冷藏至少 3 小时。切块即可享用。

# *Gâteau magique aux clémentines et pain d'épice*
# 细皮小柑橘香料面包魔力蛋糕

6~8 人份　准备：15 分钟　烘焙：50~60 分钟　冷藏：3 小时　难度：低　成本：低

工具：电动打蛋器·手动打蛋器·边长 20 cm 的正方形蛋糕模·烘焙纸

## *Les Ingrédients*
## 原料

| | |
|---|---|
| 黄油 | 125 g |
| 细皮小柑橘 | 2 个 |
| 鸡蛋 | 4 个 |
| 细砂糖 | 150 g |
| 香料面包屑 | 1 茶匙 |
| 面粉 | 115 g |
| 牛奶 | 500 mL |
| 盐 | 1 撮 |

## *Variante*
## 变换花样

用 80 g 肉桂焦糖饼干屑代替香料面包屑。

## *La Recette*
## 制作过程

**1.** 将烤箱预热至 150℃（5 等）。黄油放入锅中文火熔化备用。细皮小柑橘洗净并将皮刨成屑，其中一个挤出果汁备用。

**2.** 分离蛋白和蛋黄，分别放到搅拌碗中。蛋黄中加入细砂糖，用电动打蛋器搅打均匀。依次加入熔化的黄油、果汁、适量果皮屑、香料面包屑、面粉和牛奶，用电动打蛋器搅打均匀。

**3.** 蛋白中加盐，用电动打蛋器搅打至干性发泡。用手动打蛋器将蛋白分三次加入步骤 2 中的混合物中，轻轻搅拌，使面糊中的蛋白保持小块状。

**4.** 在蛋糕模底部铺上烘焙纸，然后倒入面糊。将蛋糕模放入烤箱，烤 50~60 分钟（热风循环式烤箱烤 50 分钟，传统式烤箱烤 60 分钟，可根据所需效果适当增减时间）。

**5.** 蛋糕晾凉后放入冰箱，冷藏至少 3 小时。切块即可享用。

# Gâteau magique aux groseilles et cerises
# 醋栗樱桃魔力蛋糕

6~8 人份　准备：15 分钟　烘焙：50~60 分钟　冷藏：3 小时　难度：低　成本：低

工具：电动打蛋器·手动打蛋器·边长 20 cm 的正方形蛋糕模·烘焙纸

## Les Ingrédients
## 原料

| 原料 | 用量 |
| --- | --- |
| 黄油 | 125 g |
| 樱桃 | 60 g |
| 鸡蛋 | 4 个 |
| 细砂糖 | 150 g |
| 香草精 | 1 茶匙 |
| 面粉 | 115 g |
| 水 | 1 汤匙 |
| 牛奶 | 500 mL |
| 醋栗 | 80 g |
| 盐 | 1 撮 |

## La Recette
## 制作过程

**1.** 将烤箱预热至 150℃（5 等）。黄油放入锅中文火熔化备用。将樱桃切成两半，去核备用。

**2.** 分离蛋白和蛋黄，分别放到搅拌碗中。蛋黄中加入细砂糖，用电动打蛋器搅打均匀。依次加入熔化的黄油、香草精、面粉、水和牛奶，用电动打蛋器搅打均匀。

**3.** 蛋白中加盐，用电动打蛋器搅打至干性发泡。用手动打蛋器将蛋白分三次加入步骤 2 中的混合物中，轻轻搅拌，使面糊中的蛋白保持小块状。

**4.** 在蛋糕模底部铺上烘焙纸，把樱桃和醋栗铺在底部，然后倒入面糊。将蛋糕模放入烤箱，烤 50~60 分钟（热风循环式烤箱烤 50 分钟，传统式烤箱烤 60 分钟，可根据所需效果适当增减时间）。

**5.** 蛋糕晾凉后放入冰箱，冷藏至少 3 小时。切块即可享用。

# Gâteau magique au café et praliné
# 咖啡果仁糖魔力蛋糕

6~8 人份　准备：15 分钟　烘焙：50~60 分钟　冷藏：3 小时　难度：低　成本：低

工具：电动打蛋器·手动打蛋器·直径 20 cm 的圆形蛋糕模·烘焙纸

## Les Ingrédients
## 原料

| | |
|---|---|
| 黄油 | 125 g |
| 鸡蛋 | 4 个 |
| 细砂糖 | 150 g |
| 冻干咖啡 | 1 汤匙 |
| 果仁糖粉 | 1 汤匙 |
| 面粉 | 115 g |
| 水 | 1 汤匙 |
| 牛奶 | 500 mL |
| 盐 | 1 撮 |

## La Recette
## 制作过程

**1.** 将烤箱预热至 150℃（5 等）。黄油放入锅中文火熔化备用。

**2.** 分离蛋白和蛋黄，分别放到搅拌碗中。蛋黄中加入细砂糖，用电动打蛋器搅打均匀。依次加入熔化的黄油、冻干咖啡、果仁糖粉、面粉、水和牛奶，用电动打蛋器搅打均匀。

**3.** 蛋白中加盐，用电动打蛋器搅打至干性发泡。用手动打蛋器将蛋白分三次加入步骤 2 中的混合物中，轻轻搅拌，使面糊中的蛋白保持小块状。

**4.** 在蛋糕模底部铺上烘焙纸，然后倒入面糊。将蛋糕模放入烤箱，烤 50~60 分钟（热风循环式烤箱烤 50 分钟，传统式烤箱烤 60 分钟，可根据所需效果适当增减时间）。

**5.** 蛋糕晾凉后放入冰箱，冷藏至少 3 小时。切块即可享用。

# *Gâteau magique à la noix de coco et chocolat*
# 巧克力椰子魔力蛋糕

6~8 人份　准备：15 分钟　烘焙：50~60 分钟　冷藏：3 小时　难度：低　成本：低

工具：电动打蛋器・手动打蛋器・边长 20 cm 的正方形蛋糕模・烘焙纸

## *Les Ingrédients*
## 原料

| | |
|---|---|
| 黄油 | 125 g |
| 鸡蛋 | 4 个 |
| 细砂糖 | 150 g |
| 可可粉 | 40 g |
| 椰丝 | 50 g |
| 面粉 | 115 g |
| 牛奶 | 500 mL |
| 水 | 1 汤匙 |
| 盐 | 1 撮 |

## *Suggestion*
## 建议

用制作椰子可可大理石蛋糕的方法制作这款蛋糕。

## *Variante*
## 变换花样

用 150 g 熔化的白巧克力代替可可粉。

## *La Recette*
## 制作过程

**1.** 将烤箱预热至 150℃（5 等）。黄油放入锅中文火熔化备用。

**2.** 分离蛋白和蛋黄，分别放到搅拌碗中。蛋黄中加入细砂糖，用电动打蛋器搅打均匀。依次加入熔化的黄油、可可粉、椰丝、面粉、水和牛奶，用电动打蛋器搅打均匀。

**3.** 蛋白中加盐，用电动打蛋器搅打至干性发泡。用手动打蛋器将蛋白分三次加入步骤 2 中的混合物中，轻轻搅拌，使面糊中的蛋白保持小块状。

**4.** 在蛋糕模底部铺上烘焙纸，然后倒入面糊。将蛋糕模放入烤箱，烤 50~60 分钟（热风循环式烤箱烤 50 分钟，传统式烤箱烤 60 分钟，可根据所需效果适当增减时间）。

**5.** 蛋糕晾凉后放入冰箱，冷藏至少 3 小时。切块即可享用。

# Gâteau magique chocolat et caramel beurre salé

## 咸黄油焦糖巧克力
## 魔力蛋糕

6~8 人份　准备：20 分钟　烘焙：50~60 分钟　冷藏：3 小时　难度：低　成本：低

工具：电动打蛋器・手动打蛋器・边长 20 cm 的正方形蛋糕模・烘焙纸

## Les Ingrédients
## 原料

### 蛋糕原料

| | |
|---|---|
| 黄油 | 125 g |
| 鸡蛋 | 4 个 |
| 细砂糖 | 150 g |
| 面粉 | 115 g |
| 水 | 1 汤匙 |
| 牛奶 | 500 mL |
| 咸黄油焦糖（下方） | 2 汤匙 |
| 可可粉 | 20 g |
| 盐 | 1 撮 |

### 咸黄油焦糖原料

| | |
|---|---|
| 细砂糖 | 100 g |
| 淡奶油 | 100 mL |
| 咸黄油 | 30 g |
| 盐 | 1 撮 |

## La Recette
## 制作过程

**1.** 制作咸黄油焦糖：熔化细砂糖。在另一个锅中煮沸淡奶油。当糖呈棕色后倒入淡奶油、咸黄油和盐。混合均匀，煮沸后晾凉。

**2.** 制作蛋糕：① 将烤箱预热至 150℃（5 等）。黄油放入锅中文火熔化备用。② 分离蛋白和蛋黄，分别放到搅拌碗中。蛋黄中加入细砂糖，用电动打蛋器搅打均匀。依次加入熔化的黄油、面粉、水和牛奶，用电动打蛋器搅打均匀。将混合物分成两份，一份加入咸黄油焦糖，一份加入可可粉，分别搅拌均匀。③ 蛋白中加盐，用电动打蛋器搅打至干性发泡。将蛋白分成两份，用手动打蛋器将蛋白分别分三次加入两份混合物中。轻轻搅拌，使面糊中的蛋白保持小块状。④ 在蛋糕模底部铺上烘焙纸，然后交替倒入两种面糊。将蛋糕模放入烤箱，烤 50~60 分钟( 热风循环式烤箱烤 50 分钟，传统式烤箱烤 60 分钟，可根据所需效

果适当增减时间）。⑤蛋糕晾凉后放入冰箱，冷藏至少3小时。切块即可享用。食用前可在蛋糕上淋少量焦糖。

# *Gâteau magique façon brownie : chocolat et noix de pécan*
# 布朗尼山核桃**魔力蛋糕**

6~8人份　准备：15分钟　烘焙：50~60分钟　冷藏：3小时　难度：低　成本：低

工具：电动打蛋器·手动打蛋器·边长 20 cm 的正方形蛋糕模·烘焙纸

## *Les Ingrédients*
## 原料

| | |
|---|---|
| 黄油·················· | 125 g |
| 鸡蛋·················· | 4 个 |
| 细砂糖················ | 150 g |
| 可可粉················ | 40 g |
| 面粉·················· | 115 g |
| 水···················· | 1 汤匙 |
| 牛奶·················· | 500 mL |
| 美洲山核桃············ | 80 g |
| 盐···················· | 1 撮 |

## *Suggestion*
## 建议

淋上牛奶焦糖酱(第22页)食用。

## *Variante*
## 变换花样

用澳洲坚果代替美洲山核桃。

## *La Recette*
## 制作过程

**1.** 将烤箱预热至 150℃（5 等）。黄油放入锅中文火熔化备用。

**2.** 分离蛋白和蛋黄，分别放到搅拌碗中。蛋黄中加入细砂糖，用电动打蛋器搅打均匀。依次加入熔化的黄油、可可粉、面粉、水和牛奶，用电动打蛋器搅打均匀。

**3.** 蛋白中加盐，用电动打蛋器搅打至干性发泡。用手动打蛋器将蛋白分三次加入步骤 2 中的混合物中，轻轻搅拌，使面糊中的蛋白保持小块状。

**4.** 在蛋糕模底部铺上烘焙纸，倒入一半面糊，撒入美洲山核桃，再倒入另一半面糊。将蛋糕模放入烤箱，烤 50~60 分钟（热风循环式烤箱烤 50 分钟，传统式烤箱烤 60 分钟，可根据所需效果适当增减时间）。

**5.** 蛋糕晾凉后放入冰箱，冷藏至少 3 小时。切块即可享用。

# Gâteau magique au beurre de cacahuètes crunchy
# 酥脆花生酱魔力蛋糕

6~8人份　准备：15分钟　烘焙：50~60分钟　冷藏：3小时　难度：低　成本：低

工具：搅拌机·电动打蛋器·手动打蛋器·边长 20 cm 的正方形蛋糕模·烘焙纸

## Les Ingrédients
## 原料

### 蛋糕原料

| | |
|---|---|
| 黄油 | 80 g |
| 鸡蛋 | 4 个 |
| 细砂糖 | 150 g |
| 花生酱（下方） | 4 汤匙 |
| 面粉 | 115 g |
| 水 | 1 汤匙 |
| 牛奶 | 500 mL |
| 无盐花生 | 1 把 |
| 盐 | 1 撮 |

### 花生酱原料

| | |
|---|---|
| 无盐花生 | 300 g |

## Suggestion
## 建议

可加入 60 g 巧克力豆，使蛋糕更可口。

## La Recette
## 制作过程

**1.** 制作花生酱：将花生倒入搅拌机，用 1 挡速度搅拌。渐渐加速，不时停下用勺子刮底部。5 分钟内，花生变成粉末，然后变成浓糊，再变成球，最终成为花生酱。继续搅拌至顺滑均匀，盛入常温的罐子中备用。

**2.** 制作蛋糕：①将烤箱预热至 150℃（5 等）。黄油放入锅中文火熔化备用。②分离蛋白和蛋黄，分别放到搅拌碗中。蛋黄中加入细砂糖，用电动打蛋器搅打均匀。依次加入熔化的黄油、花生酱、面粉、水和牛奶，用电动打蛋器搅打均匀。③蛋白中加盐，用电动打蛋器搅打至干性发泡。用手动打蛋器将蛋白分三次加入上个步骤中的混合物中，轻轻搅拌，使面糊中的蛋白保持小块状。④在蛋糕模底部铺上烘焙纸，然后倒入面糊，把花生撒在上面。将蛋糕模放入烤箱，烤 50~60 分钟（热风循环式烤箱烤 50 分钟，传统式烤箱烤 60 分钟，可根据所需效果适当增减时间）。⑤蛋糕晾凉后放入冰箱，冷藏至少 3 小时。切块即可享用。

# *Gâteau magique aux Carambar* ®

# 软糖魔力蛋糕

6~8人份　准备：15分钟　烘焙：50~60分钟　冷藏：3小时　难度：低　成本：低

工具：电动打蛋器·手动打蛋器·直径 20 cm 的圆形蛋糕模·烘焙纸

## *Les Ingrédients*
## 原料

| 原料 | 用量 |
| --- | --- |
| 软糖 | 18 颗 |
| 牛奶 | 500 mL |
| 黄油 | 125 g |
| 鸡蛋 | 4 个 |
| 细砂糖 | 80 g |
| 面粉 | 115 g |
| 水 | 1 汤匙 |
| 盐 | 1 撮 |

## *Suggestion*
## 建议

可用 4 汤匙牛奶溶化 8 颗软糖，制作软糖酱以淋在蛋糕上。

## *La Recette*
## 制作过程

**1.** 将烤箱预热至 150℃（5 等）。把软糖放到牛奶中，文火溶化备用。文火熔化黄油备用。

**2.** 分离蛋白和蛋黄，分别放到搅拌碗中。蛋黄中加入细砂糖，用电动打蛋器搅打均匀。依次加入熔化的黄油、面粉、水以及软糖和牛奶的混合物，用电动打蛋器搅打均匀。

**3.** 蛋白中加盐，用电动打蛋器搅打至干性发泡。用手动打蛋器将蛋白分三次加入步骤 2 中的混合物中，轻轻搅拌，使面糊中的蛋白保持小块状。

**4.** 在蛋糕模底部铺上烘焙纸，然后倒入面糊。将蛋糕模放入烤箱，烤 50~60 分钟（热风循环式烤箱烤 50 分钟，传统式烤箱烤 60 分钟，可根据所需效果适当增减时间）。

**5.** 蛋糕晾凉后放入冰箱，冷藏至少 3 小时。切块即可享用。

奢华款

*Gâteau magique Nutella® et noisettes*

# 榛子巧克力酱魔力蛋糕

6~8 人份　准备：15 分钟　烘焙：50~60 分钟　冷藏：3 小时　难度：低　成本：低

工具：电动打蛋器・手动打蛋器・直径 20 cm 的圆形蛋糕模・烘焙纸

## *Les Ingrédients*
## 原料

| | |
|---|---|
| 黄油·················· | 125 g |
| 鸡蛋·················· | 4 个 |
| 细砂糖················ | 100 g |
| 榛子巧克力酱········ | 4 汤匙 |
| 面粉·················· | 115 g |
| 水···················· | 1 汤匙 |
| 牛奶·················· | 500 mL |
| 完整的榛子··········· | 40 g |
| 盐···················· | 1 撮 |

## *Suggestion*
## 建议

将榛子放在 180℃的烤箱中烤 15 分钟，香味将更浓郁。

## *La Recette*
## 制作过程

**1.** 将烤箱预热至 150℃（5 等）。黄油放入锅中文火熔化备用。

**2.** 分离蛋白和蛋黄，分别放到搅拌碗中。在蛋黄中加入细砂糖，用电动打蛋器搅打均匀。依次加入熔化的黄油、榛子巧克力酱、面粉、水和牛奶，用电动打蛋器搅打均匀。

**3.** 蛋白中加盐，用电动打蛋器搅打至干性发泡。用手动打蛋器将蛋白分三次加入步骤 2 中的混合物中，轻轻搅拌，使面糊中的蛋白保持小块状。

**4.** 在蛋糕模底部铺上烘焙纸，撒入榛子，然后倒入面糊。将蛋糕模放入烤箱，烤 50~60 分钟（热风循环式烤箱烤 50 分钟，传统式烤箱烤 60 分钟，可根据所需效果适当增减时间）。

**5.** 蛋糕晾凉后放入冰箱，冷藏至少 3 小时。切块即可享用。

# *Gâteau magique aux* M&M'S ®

# 巧克力豆魔力蛋糕

6~8 人份   准备：15 分钟   烘焙：50~60 分钟   冷藏：3 小时   难度：低   成本：低

工具：电动打蛋器·手动打蛋器·直径 20 cm 的圆形蛋糕模·烘焙纸

## *Les Ingrédients*
## 原料

| | |
|---|---|
| 黄油·············· | 125 g |
| 鸡蛋·············· | 4 个 |
| 细砂糖············ | 100 g |
| 香草精············ | 1 茶匙 |
| 面粉·············· | 115 g |
| 水················ | 1 汤匙 |
| 牛奶·············· | 500 mL |
| M&M's 巧克力豆 | 80 g |
| 盐················ | 1 撮 |

## *Suggestion*
## 建议

可加入 2 汤匙花生酱( 第 52 页 )。

## *La Recette*
## 制作过程

**1.** 将烤箱预热至 150℃（5 等）。黄油放入锅中文火熔化备用。

**2.** 分离蛋白和蛋黄，分别放到搅拌碗中。蛋黄中加入细砂糖，用电动打蛋器搅打均匀。依次加入熔化的黄油、香草精、面粉、水和牛奶，用电动打蛋器搅打均匀。

**3.** 蛋白中加盐，用电动打蛋器搅打至干性发泡。用手动打蛋器将蛋白分三次加入步骤 2 中的混合物中，轻轻搅拌，使面糊中的蛋白保持小块状。

**4.** 在蛋糕模底部铺上烘焙纸，撒入巧克力豆，然后倒入面糊。将蛋糕模放入烤箱，烤 50~60 分钟（热风循环式烤箱烤 50 分钟，传统式烤箱烤 60 分钟，可根据所需效果适当增减时间）。

**5.** 蛋糕晾凉后放入冰箱，冷藏至少 3 小时。切块即可享用。

# Gâteau magique à la crème de marron
# 栗子奶油魔力蛋糕

6~8 人份　准备：15 分钟　烘焙：50~60 分钟　冷藏：3 小时　难度：低　成本：低

工具：电动打蛋器·手动打蛋器·边长 20 cm 的正方形蛋糕模·烘焙纸

## Les Ingrédients
## 原料

| 原料 | 用量 |
|---|---|
| 黄油 | 125 g |
| 鸡蛋 | 4 个 |
| 细砂糖 | 100 g |
| 栗子奶油 | 4 汤匙 |
| 面粉 | 115 g |
| 水 | 1 汤匙 |
| 牛奶 | 500 mL |
| 盐 | 1 撮 |

## Suggestion
## 建议

往蛋糕模中倒入面糊之前，可撒一些糖渍栗子碎块。

## La Recette
## 制作过程

**1.** 将烤箱预热至 150℃（5 等）。黄油放入锅中文火熔化备用。

**2.** 分离蛋白和蛋黄，分别放到搅拌碗中。蛋黄中加入细砂糖，用电动打蛋器搅打均匀。依次加入熔化的黄油、栗子奶油、面粉、水和牛奶，用电动打蛋器搅打均匀。

**3.** 蛋白中加盐，用电动打蛋器搅打至干性发泡。用手动打蛋器将蛋白分三次加入步骤 2 中的混合物中，轻轻搅拌，使面糊中的蛋白保持小块状。

**4.** 在蛋糕模底部铺上烘焙纸，然后倒入面糊。将蛋糕模放入烤箱，烤 50~60 分钟（热风循环式烤箱烤 50 分钟，传统式烤箱烤 60 分钟，可根据所需效果适当增减时间）。

**5.** 蛋糕晾凉后放入冰箱，冷藏至少 3 小时。切块即可享用。

# *Gâteau magique aux spéculoos*
# 肉桂焦糖饼干**魔力蛋糕**

6~8 人份　准备：15 分钟　烘焙：50~60 分钟　冷藏：3 小时　难度：低　成本：低

工具：搅拌机·电动打蛋器·手动打蛋器·直径 20 ㎝ 的圆形蛋糕模·烘焙纸

## *Les Ingrédients*
## 原料

| | |
|---|---|
| 肉桂焦糖饼干………………… | 100 g |
| 黄油………………………… | 125 g |
| 鸡蛋………………………… | 4 个 |
| 细砂糖……………………… | 150 g |
| 面粉………………………… | 115 g |
| 水…………………………… | 1 汤匙 |
| 牛奶………………………… | 500 mL |
| 盐…………………………… | 1 撮 |

## *Suggestion*
## 建议

　　往蛋糕模中倒入面糊之前，可加入 2 个切成块的苹果。

## *La Recette*
## 制作过程

**1.** 将烤箱预热至 150℃（5 等）。用搅拌机将肉桂焦糖饼干打成碎屑备用。黄油放入锅中文火熔化备用。

**2.** 分离蛋白和蛋黄，分别放到搅拌碗中。蛋黄中加入细砂糖，用电动打蛋器搅打均匀。依次加入熔化的黄油、肉桂焦糖饼干屑、面粉、水和牛奶，用电动打蛋器搅打均匀。

**3.** 蛋白中加盐，用电动打蛋器搅打至干性发泡。用手动打蛋器将蛋白分三次加入步骤 2 中的混合物中，轻轻搅拌，使面糊中的蛋白保持小块状。

**4.** 在蛋糕模底部铺上烘焙纸，然后倒入面糊。将蛋糕模放入烤箱，烤 50~60 分钟（热风循环式烤箱烤 50 分钟，传统式烤箱烤 60 分钟，可根据所需效果适当增减时间）。

**5.** 蛋糕晾凉后放入冰箱，冷藏至少 3 小时。切块即可享用。

奢华款

*Gâteau magique aux pralines roses*

# 玫瑰果仁糖魔力蛋糕

6~8 人份　准备：15 分钟　烘焙：50~60 分钟　冷藏：3 小时　难度：低　成本：低

工具：擀面杖·电动打蛋器·手动打蛋器·直径 20 cm 的圆形蛋糕模·烘焙纸·冷冻袋

## *Les Ingrédients*
## 原料

| | |
|---|---|
| 玫瑰果仁糖 | 120 g |
| 黄油 | 125 g |
| 鸡蛋 | 4 个 |
| 细砂糖 | 150 g |
| 面粉 | 115 g |
| 牛奶 | 500 mL |
| 水 | 1 汤匙 |
| 盐 | 1 撮 |

## *Suggestion*
## 建议

可加入浆果，如覆盆子或桑葚。

## *La Recette*
## 制作过程

**1.** 将烤箱预热至 150℃（5 等）。把玫瑰果仁糖装入冷冻袋，用擀面杖碾碎备用。黄油放入锅中文火熔化备用。

**2.** 分离蛋白和蛋黄，分别放到搅拌碗中。蛋黄中加入细砂糖，用电动打蛋器搅打均匀。依次加入熔化的黄油、面粉、水和牛奶，用电动打蛋器搅打均匀。

**3.** 蛋白中加盐，用电动打蛋器搅打至干性发泡。用手动打蛋器将蛋白分三次加入步骤 2 中的混合物中，轻轻搅拌，使面糊中的蛋白保持小块状。

**4.** 在蛋糕模底部铺上烘焙纸，倒入一半的玫瑰果仁糖碎，然后倒入面糊，再将剩余的玫瑰果仁糖碎撒在面糊上。将蛋糕模放入烤箱，烤 50~60 分钟（热风循环式烤箱烤 50 分钟，传统式烤箱烤 60 分钟，可根据所需效果适当增减时间）。

**5.** 蛋糕晾凉后放入冰箱，冷藏至少 3 小时。切块即可享用。

# Gâteau magique à la confiture de lait et aux bananes
# 牛奶酱香蕉魔力蛋糕

6~8 人份　准备：15 分钟（蛋糕）+ 约 2 小时 15 分钟（牛奶酱）

烘焙：50~60 分钟　冷藏：3 小时　难度：低　成本：低

工具：电动打蛋器·手动打蛋器·直径 20 cm 的圆形蛋糕模·烘焙纸

## Les Ingrédients
## 原料

### 蛋糕原料

| | |
|---|---|
| 香蕉 | 2 根 |
| 黄油 | 125 g |
| 鸡蛋 | 4 个 |
| 细砂糖 | 80 g |
| 牛奶酱（下方） | 4 汤匙 |
| 面粉 | 115 g |
| 水 | 1 汤匙 |
| 牛奶 | 500 mL |
| 盐 | 1 撮 |

### 牛奶酱原料

| | |
|---|---|
| 香草荚 | 1 根 |
| 全脂牛奶 | 1 L |
| 细砂糖 | 350 g |
| 小苏打（防止牛奶凝结） | 1/2 茶匙 |

## La Recette
## 制作过程

**1.** 制作牛奶酱：用刀将香草荚剖开，取出香草籽；把香草籽、细砂糖和小苏打加入全脂牛奶中煮沸。持续用大火煮 10 分钟，其间不停搅拌。之后用文火煮 2 小时，并不时搅拌。当其呈琥珀色并如果酱般浓稠时，就做好了。

**2.** 制作蛋糕：①将烤箱预热至 150℃（5 等）。将香蕉切成圆片备用。黄油放入锅中文火熔化备用。②分离蛋白和蛋黄，分别放到搅拌碗中。蛋黄中加入细砂糖，用电动打蛋器搅打均匀。依次加入熔化的黄油、牛奶酱、面粉、水和牛奶，用电动打蛋器搅打均匀。③蛋白中加盐，用电动打蛋器搅打至干性发泡。用手动打蛋器将蛋白分三次加入步骤 2 中的混合物中，轻轻搅拌，使面糊中的蛋白保持小块状。④在蛋糕模底部铺上烘焙纸，铺入香蕉片，然后倒入面糊。将蛋糕模放入烤箱，烤 50~60 分钟（热风循环式烤箱烤 50 分钟，传统式烤箱烤 60 分钟，可根据所需效果适当增减时间）。⑤蛋糕晾凉后放入冰箱，冷藏至少 3 小时。切块即可享用。

# *Gâteau magique chocolat blanc et pistache*
# 白巧克力开心果魔力蛋糕

6~8 人份　准备：15 分钟　烘焙：50~60 分钟　冷藏：3 小时　难度：低　成本：低

工具：电动打蛋器·手动打蛋器·直径 20 cm 的圆形蛋糕模·烘焙纸

## *Les Ingrédients*
## 原料

| | |
|---|---|
| 无盐开心果············· | 100 g |
| 黄油················· | 125 g |
| 白巧克力············· | 150 g |
| 鸡蛋················· | 4 个 |
| 细砂糖··············· | 150 g |
| 面粉················· | 115 g |
| 水·················· | 1 汤匙 |
| 牛奶················· | 500 mL |
| 盐·················· | 1 撮 |

## *Suggestion*
## 建议

可加入榛子碎。

## *La Recette*
## 制作过程

**1.** 将烤箱预热至 150℃（5 等）。把开心果撒在烤盘上烤 10 分钟。把黄油和白巧克力放入锅中，文火熔化备用。

**2.** 分离蛋白和蛋黄，分别放到搅拌碗中。蛋黄中加入细砂糖，用电动打蛋器搅打均匀。依次加入熔化的黄油和白巧克力、面粉、水和牛奶，用电动打蛋器搅打均匀。

**3.** 蛋白中加盐，用电动打蛋器搅打至干性发泡。用手动打蛋器将蛋白分三次加入步骤 2 中的混合物中，轻轻搅拌，使面糊中的蛋白保持小块状。

**4.** 在蛋糕模底部铺上烘焙纸，撒入一半的开心果，然后倒入面糊，再将剩余的开心果撒在面糊上。将蛋糕模放入烤箱，烤 50~60 分钟（热风循环式烤箱烤 50 分钟，传统式烤箱烤 60 分钟，可根据所需效果适当增减时间）。

**5.** 蛋糕晾凉后放入冰箱，冷藏至少 3 小时。切块即可享用。

# 单位换算

## 原料用量换算表

| 原料 | 1 茶匙 | 1 汤匙 |
|------|--------|--------|
| 黄油 | 7 g | 20 g |
| 可可粉 | 5 g | 10 g |
| 浓奶油 | 15 mL | 40 mL |
| 淡奶油 | 7 mL | 20 mL |
| 面粉 | 3 g | 10 g |
| 格鲁耶尔奶酪碎 | 4 g | 12 g |
| 液体（水、油、醋、酒） | 7 mL | 20 mL |
| 玉米粉 | 3 g | 10 g |
| 杏仁粉 | 6 g | 15 g |
| 葡萄干 | 8 g | 30 g |
| 米 | 7 g | 20 g |
| 盐 | 5 g | 15 g |
| 粗面粉、古斯古斯 | 5 g | 15 g |
| 绵白糖 | 5 g | 15 g |
| 糖粉 | 3 g | 10 g |

## 液体计量单位换算表

1 洋酒杯 = 30 mL

1 咖啡杯 = 80~100 mL

1 马克杯 = 300 mL

1 碗 = 350 mL

## 最好知道的重量

1 个鸡蛋 = 50 g

1 块榛子大小的黄油 = 5 g

1 块核桃大小的黄油 = 15~20 g

## 烤箱温度对照表

| 温度（℃） | 热量等级 |
| --- | --- |
| 30 | 1 |
| 60 | 2 |
| 90 | 3 |
| 120 | 4 |
| 150 | 5 |
| 180 | 6 |
| 210 | 7 |
| 240 | 8 |
| 270 | 9 |

# 经典法式甜点小资料

**· 马卡龙**

马卡龙是最具法国浪漫气息的甜点，它的起源可以追溯到文艺复兴时期，巴黎街头的甜点店橱窗少不了它的倩影。

其中，拉杜丽是法国最著名的马卡龙品牌，至今已有一个半世纪的历史，这个品牌的马卡龙是巴黎的标签。

**· 舒芙蕾**

舒芙蕾又叫蛋奶酥，它以鲜奶和蛋白为原料，用隔水烘烤的方式制成。做好后要立即食用，否则它很快就会塌陷。

**· 拿破仑酥**

拿破仑酥也叫千层酥，由三层焦黄色千层酥皮夹两层酱料制成，口感丰富。每当叉子叉下去，酥皮便应声裂开，发出清脆的声音。

**· 勃朗峰栗子蛋糕**

勃朗峰栗子蛋糕因其外形酷似勃朗峰而得名，勃朗峰是阿尔卑斯山脉的最高峰。

**· 闪电泡芙**

法国每个甜点店基本都有闪电泡芙。其中，馥颂品牌的闪电泡芙最为夺目，它对基本款闪电泡芙进行了味道及外形的改良，然后统一陈列，让人就像身临一场美妙的艺术展。

**· 玛德琳蛋糕**

玛德琳蛋糕的外形像贝壳，所以也叫贝壳蛋糕。它已有几百年的历史，它的外形有很强的艺术气息。

法国大文豪普鲁斯特在《追忆似水年华》中对贝壳蛋糕进行了高度赞美，他写道："带着点心渣的那一勺茶碰到我的上腭，顿时使我浑身一震，我注意到我身上发生了非同小可的变化。一种舒坦的快感传遍全身，我感到超尘脱俗，却不知出自何因。"